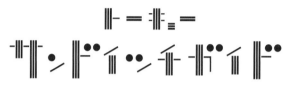

TOKYO SANDWICH GUIDE

## とっておきのサンドイッチを探して

　忙しいときでも手軽に(しかも片手で!)食べられるサンドイッチ。実は炭水化物のパンとたんぱく質のお肉や卵、そして野菜が一度に食べられるとっても栄養バランスの良い食事なんです。"萌え断"という言葉が生まれるほどキュートな断面も注目されていて、ここ最近、専門店が続々とオープンしています。本書『トーキョーサンドイッチガイド』では、東京中から探した、サンドイッチ専門店やベーカリー、喫茶店、パーラーなどのおいしいサンドイッチを厳選してご紹介します。シンプルなたまごサンドやミックスサンドから、あらためて注目されているフルーツサンド、ベトナムからやってきたバインミーなど、多彩なサンドイッチの数々が登場します。
　サンドイッチというと、パンに具材を挟むだけの簡単なレシピに思えるかもしれませんが、どのお店も創意工夫を重ねていて、それはもう"料理"そのもの。具材のハムやオイルサーディンを手作りしたり、

専用のパンを焼いたりと、手間暇を惜しまずに、こだわり尽くしてサンドイッチを作っています。そんな各店のポリシーを知ると「手軽な食事として食べちゃいけない」と思ってしまうかもしれません。ですが、あえて気軽に食べてほしい。というのも、「野菜をサラダよりも簡単に食べてほしい」「より効率よく栄養がとれるファストフードでありたい」など、"手軽でありながらも健康的な食事を提供したい"との思いを持っているお店ばかりだから。そんな思いが込められたサンドイッチを食べて、元気にならないわけがありません。また、美しい見た目も、気分を盛り上げてくれるはずです。「たかがサンドイッチ」と言う人もいるかもしれませんが、「されどサンドイッチ」。パンと具材が織りなす小宇宙は、作り手の思いもサンドされた、私たちの元気の源。『トーキョーサンドイッチガイド』を片手に、あなたを元気にしてくれる、とっておきのサンドイッチを見つけに出かけてみませんか？

## CONTENTS コンテンツ

**サンドイッチ専門店**

| | | |
|---|---|---|
| 008 | CAMELBACK RICH VALLEY | 代々木公園 |
| 012 | KING GEORGE | 代官山 |
| 016 | BONDI COFFEE SANDWICHES | 駒場東大前 |
| 020 | POTASTA | 北参道 |
| 024 | フツウニフルウツ | 代官山 |
| 028 | BUY ME STAND | 渋谷 |
| 032 | GRAIN BREAD AND BREW | 渋谷 |
| 034 | DAY & NIGHT | 広尾 |
| 036 | Ballon | 中目黒 |
| 038 | Sandwich&Co. | 桜新町 |
| 040 | QINO'S Manhattan New York | 茗荷谷 |
| 042 | SHIGERU KITCHEN | 浅草橋 |
| 044 | MARUICHI BAGEL | 白金高輪 |
| 046 | バインミー ☆ サンドイッチ | 高田馬場 |
| 048 | ポポー | 西日暮里 |
| 050 | EBISU BANH MI BAKERY | 恵比寿 |
| 052 | Wa's sandwich | 新宿 |
| 054 | the Earl | 赤坂 |
| 056 | カリーナ | 上井草 |
| 058 | アンディー | 祖師ヶ谷大蔵 |
| 060 | SANDWICHERIE Johan | 銀座 |

**カフェ・喫茶店**

| | | |
|---|---|---|
| 064 | JOE'S CAFE | 銀座 |
| 068 | ペリカンカフェ | 田原町 |
| 072 | トウキョウケンキョ | 代官山 |
| 074 | はまの屋パーラー 有楽町店 | 有楽町 |
| 076 | マドラグ | 神楽坂 |
| 078 | MEGANE COFFEE | 桜上水 |

| | | |
|---|---|---|
| 080 | FARO | 代々木 |
| 082 | TOLO SAND HAUS | 池尻大橋 |
| 084 | sandwich column ①　トーキョーコッペパンガイド | |

### ベーカリー

| | | |
|---|---|---|
| 088 | パーラー江古田 | 江古田 |
| 090 | オリミネベーカーズ | 築地 |
| 092 | カタネベーカリー | 代々木上原 |
| 094 | まちのパーラー | 小竹向原 |
| 096 | 365日 | 代々木八幡 |
| 098 | 3206 Hiroo | 広尾 |
| 100 | VIRON 渋谷店 | 渋谷 |
| 102 | BAKERY SASA | 笹塚 |
| 104 | CENTRE THE BAKERY | 銀座一丁目 |
| 106 | TARUI BAKERY | 参宮橋 |
| 108 | MAISON ICHI | 代官山 |
| 110 | RÉFECTOIRE | 明治神宮前 |
| 112 | sandwich column ②　奥深きコンビニ「たまごサンド」の世界 | |

### 洋食・甘味・フルーツパーラー

| | | |
|---|---|---|
| 116 | Banana Factory | とうきょうスカイツリー |
| 118 | みやざわ | 銀座 |
| 120 | プチモンド フルーツパーラー | 赤羽 |
| 121 | 果実園リーベル 目黒店 | 目黒 |
| 122 | ホットケーキパーラー フルフル | 梅ヶ丘 |
| 123 | 千疋屋総本店 日本橋本店 | 三越前 |
| 124 | 天のや | 麻布十番 |
| 125 | 新世界グリル 梵 銀座店 | 東銀座 |
| 126 | sandwich column ③　TOKYO発、NY初のフルーツサンド専門店 | |

TOKYO SANDWICH GUIDE

# SANDWICH SHOP
サンドイッチ専門店

# CAMELBACK RICH VALLEY

ブリーチーズ、リンゴ、蜂蜜のハーモニー（1300円）は生ハムが利いている

オイルサーディンから手作りするイワシのサンドウィッチ（1300円）

イワシのサンドウィッチは梅などの和の食材が随所に

キャメルバック リッチバレー
# CAMELBACK RICH VALLEY

## じっくり味わいたい仕事が生きる逸品

タマゴサンドとコーヒーが人気の「CAMELBACK」の新店が2018年5月にオープン。「まだオープンしたばかりで発展途上。その時々でおいしい食材を使っていきたい」とシェフの成瀬隼人さん。元寿司職人の成瀬さんが持つ技術と柔軟な発想によって、今後はどんなサンドイッチが生まれるのか楽しみ。

DATA
- 東京都渋谷区富ヶ谷1-9-23
- 03-6407-9968
- 10:00～16:00　月曜日
- 東京メトロ千代田線代々木公園駅より徒歩約1分
- https://www.instagram.com/camelback_richvalley

1.注文後にひとつひとつ手作り。計算し尽くされた味わいは、ツマやオイル、スパイスなどどれかが欠けたら完成しない　2.テイクアウトがメイン　3.すべてのサンドイッチにピクルス付き　4.Tシャツやライターなどのお店のロゴ入りグッズも販売している　5.代々木公園の近くなのでピクニックのおともにぜひ

サンドイッチ専門店

# KING GEORGE

一番人気のVegetarian
(1500円)の具材は野
菜とチーズのみ

The King George(1300円)
はしっとりジューシーなターキーが美味

目でも楽しめるように美しく
具材をサンドしている

キングジョージ
# KING GEORGE

### 食べれば元気になれるサンドイッチ

「食事になる、ボリューミーなサンドイッチを
提供したい。それが、ヘルシーでおいしくて、
見た目もきれいなら食べた人が元気になれる
はず」。そんな思いから2013年にオープン。
鮮やかな具材が並ぶ美しいサンドイッチは、
酸味の少ないマヨネーズを使っているため、
素材そのものの味が感じられる。

DATA
- 住 東京都渋谷区代官山町11-13 2F
- 電 03-6277-5734
- 営 11:00〜20:00 (LO19:30)、
  土〜21:00 (LO20:30)、
  日〜18:00 (LO17:30)
- 休 なし
- 駅 東急東横線代官山駅より徒歩約5分
- HP http://crownedcat.com

1.カラフルな野菜は食感を残しながらも食べやすい千切りに　2.お酒も充実しており、サンドイッチとの相性も抜群　3.パンはオリジナルで作っている、セサミ、ライ麦、黒糖の3種を使用　4.アンティークの家具や絵画が飾られた3階　5.お店は2階が入り口。テラス席もある

ベーコンの香ばしさと新鮮野菜のシャキシャキ食感がおいしいB.L.T.E（500円）

少しスパイシーなアボカドペーストが味の決め手のエッグベネディクト（850円）

自家製のパンは朝の焼き立てをいただくのが至福

ボンダイコーヒーサンドウィッチーズ
# BONDI COFFEE SANDWICHES

### 早く起きた朝は、リゾート気分で

オーストラリア・シドニーにあるボンダイビーチをイメージした同店は、毎朝焼き上げる全粒粉100％のパンを使ったヘルシーなサンドイッチが自慢。新鮮な野菜をたっぷり挟んでいるから栄養満点で、バリスタが淹れてくれるスペシャルティコーヒーと一緒にいただけば、一日を元気に過ごせそう。

MAP 駒場東大前駅

DATA
- 住 東京都渋谷区富ヶ谷2-22-8
- 電 03-5738-7730
- 営 7:00～21:00
- 休 なし
- 駅 井の頭線駒場東大前駅より徒歩約8分
- HP http://bondicafe.net

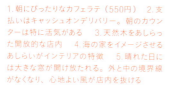

1.朝にぴったりなカフェラテ（550円）　2.支払いはキャッシュオンデリバリー。朝のカウンターは特に活気がある　3.天然木をあしらった開放的な店内　4.海の家をイメージさせるあしらいがインテリアの特徴　5.晴れた日には大きな窓が開け放たれる。外と中の境界線がなくなり、心地よい風が店内を抜ける

POTASTA

トマトソースでいただくスクランブルエッグ&ベジタブル（1つ496円）

シャキシャキのグリーンカールが楽しめるパストラミルフィーユ（1つ572円）

野菜などの具材が主役のためパンは薄切りにしている

ポタスタ
# POTASTA

## 新鮮な旬の野菜をたっぷりいただく

萌える断面こと"萌え断"のブームを牽引してきたサンドイッチ専門店「POTASTA」。「野菜のおいしさを伝えたい」との思いで買い付けの専任スタッフが日々仕入れる、野菜メインのサンドイッチを手作り。中華風や和スイーツのような味付けなど、ここにしかないユニークな逸品に出合えるのが魅力。

MAP

DATA
- 東京都渋谷区千駄ヶ谷2-1-6
- 03-6721-0748
- 8:00〜19:00 休なし
- 東京メトロ副都心線北参道駅より徒歩約3分
- https://www.instagram.com/potasta_tokyo

1. グリーンカールは専用農家のものを使用　2. 毎日約10種を用意　3. 毎日お店で絞るフレッシュジュース。定番のCarrot（250円）とシーズナルMelon（330円）　4. 店内や店先のベンチでも食べられる　5. お店の裏にはメルトサンドイッチ専門の姉妹店「POTAMELT」がある

# FUTSUUNiFURUUTSU

お店の名前を冠したフツ
ウニフルウツ（350円）
がやっぱり一番人気

ダブルバナナ（350円）と
無糖or加糖が選べるコー
ヒーギュウニュウ（350円）

並べればかわいさアップ。
味はいつも5種類ほどを用意

## Futsuunifuruutsu
# フツウニフルウツ

### 日常に彩りを添えるフルーツサンド

フルーツを特別な日だけじゃなく、"普通に"食べて欲しいというのがお店の願い。表参道の人気ベーカリー「パンとエスプレッソと」がプロデュースした同店のフルーツサンドは、生クリームを甘くしすぎないことで、食事感覚で食べられるよう工夫。お値段も手頃だから、日常にぴったり寄り添ってくれる。

MAP

DATA
- 東京都目黒区中目黒1-1-71
- 03-6451-0178
- 10:00～18:00 ※売り切れ次第終了
- 不定休
- 東急東横線代官山駅より徒歩約3分
- http://bread-espresso.jp

1.小さなショーケースにサンドイッチが並ぶ　2.小さなテーブルがあり、サクッと食べていくことも可能　3.外観は昭和後期のファンシーショップをイメージ　4.シーズナルコーヒーギュウニュウ（400円）と裏メニューのクリームソーダ（600円）　5.いろんなところに描かれたイラストも必見

サンドイッチ専門店　27

BUY ME STAND

リンゴの食感と酸味がアクセントになったアップルチークス（1300円）

自家製チャーシューを使ったバイミー（700円）とグアバジュース（400円）

ランチはすべてのサンドイッチにドリンクが付く

バイミースタンド
# BUY ME STAND

### 新しいホットサンドに出合える専門店

50年代のマイアミのような雰囲気のお店。併設するアパレル「SON OF THE CHEESE」のデザイナーがオーナーのため、ブランド名にちなみ、こちらのサンドイッチはすべてチーズ入り。お肉にフルーツを合わせるなど、意外性がありながらもおいしく、一度食べたら忘れられないサンドイッチが揃う。

DATA
- 東京都渋谷区東1-31-19 2F
- 03-6450-6969
- 8:00〜21:00
- なし
- JR渋谷駅より徒歩約10分
- http://www.abcity-tokyo.com/buy-me-stand/

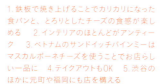

1.鉄板で焼き上げることでカリカリになった食パンと、とろりとしたチーズの食感が楽しめる　2.インテリアのほとんどがアンティーク　3.ベトナムのサンドイッチバインミーはマスカルポーネチーズを使うことでお店らしい一品に　4.テイクアウトもOK　5.渋谷のほかに元町や福岡にも店を構える

GRAIN BREAD
AND BREW

オムカツサンド、デミグラス
スタイル（918円）は、サ
クッふわっ食感

1. 味付けは自家製デミソース 2.100gベーコン、モンスタースタイル（1080円）はバルサミコが決め手 3.渋谷の氷川神社の参道にある 4.静かに過ごせる落ち着いた雰囲気 5.母体がコーヒー器具メーカーのため、本格的な一杯がいただける

グレインブレッドアンドブリュー

# GRAIN BREAD AND BREW

## 旅先のサンドイッチをアレンジし提供

オーナーが世界各国で食べて感動したサンドイッチを、オリジナリティあふれる一皿にアレンジするこちら。特にオムカツトーストサンドは、オムレツをカツ仕立てにした唯一無二の逸品。ここでしか食べられない味を求めて、遠方から訪れる人もいるほど。

**DATA**
- 東京都渋谷区東2-20-18
- 080-4355-2016
- 11:00～19:00(LO18:00)、土9:00～19:00(LO18:00)
- 月曜日(祝日の場合は翌日休)
- JR山手線ほか渋谷駅より徒歩約14分
- http://www.grainbb.com

サンドイッチ専門店　33

**DAY & NIGHT**

自家製ベーコンの芳醇な風味を感じるB.L.T（1340円）は看板メニュー

1.ニューヨークのブルックリンにあるカフェをイメージした店内　2.カリカリに焼いたベーコンはたっぷり　3.繁華街から離れた場所にあり静かで、ゆったりとした時間が過ごせる　4.内装なども手作りしている

| DATA | |
|---|---|
| 🏠 | 東京都渋谷区恵比寿2-39-5 |
| ☎ | 03-5422-6645 |
| 🕐 | 9:00〜22:00 (LO21:00) |
| 休 | 第3月曜日 |
| 🚉 | 東京メトロ日比谷線広尾駅より徒歩約10分 |
| 🌐 | http://www.dayandnight2015.com |

デイアンドナイト

# DAY & NIGHT

### ブルックリンの街角のようなカフェ

人気のハンバーガー専門店「Burger Mania」の姉妹店。手作りにこだわり、有機野菜を中心に使った体に優しいサンドイッチを提供している。「食材の味が良いので味付けはシンプル」とオーナーの守口駿介さんが語る通り、素材の味わいが感じられる仕上がり。

ファラフェルのレギュラー（842円）。スモール、ラージも用意している

1.クリーミーなゴマのタヒニソースとスパイシーで旨みのあるアリッサソースが味の決め手　2.豆乳と甘酒で作ったヴィーガンソフトクリームのラズベリーソース（648円）　3.パリで出合ったファラフェルサンド店をイメージ　4.くつろげるイートインスペース

**DATA**
- 東京都目黒区中目黒3-2-19
- 03-3712-0087
- 11:00〜18:00
- 不定休
- 東急東横線中目黒駅より徒歩約5分
- hhttps://www.ballontokyo.com

バロン
# Ballon

### ヴィーガンフードを身近にするスタンド

料理家のSHIORIさんがオーナーのこちらは、ファラフェルサンドの専門店。ピタパンにたっぷりの野菜やひよこ豆のコロッケ、ファラフェル、2種類のソースを詰め込んだサンドイッチのことで、動物性の食品を使っていないにも拘らず食べ応えがあり、味も満点。

SANDWICH & CO.

塩レモンチキンとアボカドサンド（上・648円）とバナナとマスカルポーネ（下・324円）

1. レギュラーサイズとキッズサイズがあり、組み合わせればいろんな味が楽しめる 2. イートインスペースもあり 3. 駅から離れた閑静な住宅街にある 4. シンプルながらインテリアもかわいい 5. キャラクターは、お店のファンのイラストレーターが書き下ろしてくれたのだそう

### サンドイッチ＆コー
# SANDWICH & CO.

## サンドイッチ愛に溢れた専門店

サンドイッチが大好きで2年間毎日作り続けたという店主が、満を持してオープンさせたサンドイッチ＆コー。700以上のレパートリーの中から最もおいしい組み合わせをショーケースに並べる。栄養バランスも考えられたボリュームたっぷりのサンドは必見。

**DATA**
- 住 東京都世田谷区弦巻5-6-16-103
- 電 なし
- 営 11:00〜 ※売り切れ次第終了
- 休 月曜日／日曜日
- 駅 東急田園都市線桜新町駅より徒歩約11分
- HP http://www.sandwichand.co

サンドイッチ専門店

キノーズ・マンハッタン・ニューヨーク

# QINO'S MANHATTAN NEW YORK

店自慢のパストラミと新鮮なレタスをたっぷり挟んだパストラミ（イートイン・1350円）

## サイズも味もアメリカンな本格派

その名の通り、ニューヨークで食べられているような本格サンドイッチのお店。アメリカ在住経験のあるオーナーが考案した本場さながらのサンドは見ただけで圧倒されてしまうほど。味もあえて日本人向けを意識しすぎず、現地の味を守っているのもこだわりなのだとか。

紺色の看板が目印。店内には木のテーブルが並ぶ。23区内はデリバリー可能

絶妙な火加減で焼き上げた、新作のニューヨークローストビーフ（イートイン・2200円）

季節野菜と特製ソースの組み合わせがクセになるグリルドベジ（イートイン・1300円）

MAP
文京区立小石川図書館
茗荷谷駅

DATA
🏠 東京都文京区小石川4-21-2
☎ 03-6231-5527
🕐 イートイン10:00〜15:00、土日祝8:00〜17:00 デリバリー6:00〜19:00
休 なし　駅 東京メトロ丸の内線茗荷谷駅より徒歩約6分
HP http://www.qinos.jp

サンドイッチ専門店

シゲルキッチン
# SHIGERU KITCHEN

焼き鳥のつくねを贅沢にサンドした鳥茂のつくね しお（980円）。たれも選べる

## 下町の老舗が生んだ「焼き鳥×パン」

浅草橋で50年続く老舗焼き鳥店「柳ばし鳥茂」がオープンしたサンドイッチ専門店。鳥茂名物のつくねを大胆に挟むなど、和の味をサンドイッチに仕立てているのが新感覚。パンは地元浅草「ペリカン」の食パンを使っていて、まさにここにしかない味が楽しめる。

ハイカウンターにはイスがありイートインも可能だ。店は鳥茂からも近い

季節の野菜がたっぷり載り、オンリーワンの味に仕立てたB.L.T.C（980円）

鳥茂のたれのテリヤキチキンとクリームチーズが相性抜群の鳥茂チキン（980円）

DATA
住 東京都台東区柳橋1-32-8
電 03-3866-9741 営 11:30～14:00
休 木曜日／日曜日
駅 JR総武本線ほか浅草橋駅より徒歩約5分
HP https://www.instagram.com/shigeru_kitchen

サンドイッチ専門店

マルイチベーグル
# MARUICHI BAGEL

好きなベーグルと具材を選んでカスタマイズできるベーグルサンド（450円〜）

## 絶品ベーグルで作る自分だけの味

ベーグルの本場ニューヨークの有名店で修業した店主が営む人気店。行列を作るお客たちの目当ては、自分好みにカスタマイズできるベーグルサンド。ベーグルの種類、挟む具材と量までも思いのままで、その組み合わせは無限大。通うほどに魅力が深まる名店だ。

ガレージのようなシンプルな外観。サンドイッチの販売は平日8時、休日9時から

ごろごろの小豆が食べ応えある小豆バターサンド（ハーフサイズ・450円）

迷ってしまう人には完成品もオススメ。野菜サンド（ハーフサイズ・850円）

**DATA**
- 東京都港区白金1-15-22
- なし
- 7:00〜16:00
- 月曜日／火曜日
- 東京メトロ南北線ほか白金高輪駅より徒歩約2分
- https://www.maruichibagel.com

MAP

Bánh mi ☆ Sandwich
# バインミー☆サンドイッチ

牛焼肉（550円）は、レモングラスが利いているから、後味が爽やか

### 本場の屋台のような雰囲気の人気店

2010年オープンのバインミーのテイクアウト専門店。そのおいしさはもちろん、ほとんどが550円とリーズナブルなのも魅力。色々な種類を食べたい人にぴったりの、ハーフサイズも用意している。また、通常メニューのほかに月替わりのバインミーも揃う。

6月下旬に新店を水道橋にオープンしたばかり。水道橋店限定メニューもある

Popo-
# ポポー

定番の三兄弟。左からフルーツ（250円）、たまご（230円）、野菜（250円）

## 初めてでも懐かしい"ぎっしり"サンド

創業は昭和57年。時が止まったかのようなノスタルジックな見た目もさることながら、具がぎっしりと詰まったボリューム感にも注目。定番のたまごやハム、コロッケなど種類は約20種類。通勤や通学の途中に買っていく人が多く、お昼ごろには売り切れてしまうそう。

昔から変わらぬ店構え。赤いシェードが目立つので、遠くからでもすぐ分かる

がっつり3兄弟。左から
チーズハム（260円）、
ポパイ（250円）、カレー
コロッケ（190円）

DATA
- 住 東京都荒川区西日暮里3-6-12
- 電 03-3821-8553
- 営 6:30～ ※売り切れ次第終了
- 休 日曜日／祝日
- 駅 JR山手線ほか西日暮里駅より徒歩約1分
- HP なし

サンドイッチ専門店

エビス バインミー ベーカリー
# EBISU BANH MI BAKERY

チキンサテー焼きバインミー（630円）は、照り焼き風チキンがボリューミー

### 自家製パンでサンドした本場の味

ベトナムで作り方を学んだバインミーは、まさに本場の味。バインミーには欠かせないベトナム風のバゲットは、自家製で毎日焼き上げている。中はふわふわ、外はパリッと皮が薄く、具材とエスニックのソースをしっかりとキャッチし、バランスの良い味わいに。

八百屋や弁当屋などが入っているえびすストア内、バス通りからすぐ近くにある

チャーシューやパテ、肉でんぶをサンド。バインミーサイゴン（780円）

豚カルビをさっぱりいただける、豚肉レモングラス焼きバインミー（680円）

MAP　恵比寿駅　恵比寿東公園

DATA
- 東京都渋谷区恵比寿1-8-14 えびすストア内
- 03-6319-5390
- 11:00〜20:00　休 なし
- JR山手線ほか恵比寿駅西口より徒歩約3分
- https://www.ebis-banhmi.com

サンドイッチ専門店

ワズ サンドイッチ
# Wa's sandwich

甘い玉子焼きやからしマヨを使った厚焼き玉子のグラハムサンド（540円）。

## 和の食材を使った日本のサンドイッチ

JR新宿駅のエキナカにある「Wa's sandwich」は、"日本のサンドイッチ"のお店。というのもサンドしている具材のほとんどが、和の料理だから。出汁や味噌、醤油、酒などの調味料を生かし、新しいけどどこか懐かしい味わいの　サンドイッチを作っている。

駅構内にあるから買い物帰りや乗り換えのときに気軽に立ち寄れる。予約も可能

かつ煮サンド（650円）。出汁とかつ、パンの相性の良さに驚かされる逸品

出汁の旨みを含んだ煮玉子をマヨネーズで和えた、煮たまごサンド（500円）

| DATA | |
|---|---|
| 住 | 東京都渋谷区千駄ヶ谷5-24-55 NEWoMan SHINJUKU 2Fエキナカ |
| 電 | 03-5366-5725　営 8:00〜22:00、土日祝〜21:30　休 不定休 |
| 駅 | JR山手線ほか新宿駅ミライナタワー改札、甲州街道改札、新南改札内 |
| HP | https://www.jefb.co.jp/brand/was_sandwich |

サンドイッチ専門店　53

ザ・アール
# THE EARL

一番人気のジャンゴ（1400円）は自家製のスパイシーなバーベキューソースが食欲をUP

## 赤坂から世界中の味を発信

「ケアンズ」「サイゴン」「パリ」など、世界各地の味をイメージした19種類のオリジナルサンドが楽しめるザ・アール。味の決め手は特製のソース&ドレッシングで、外国人シェフが丹精込めて毎日手作り。店内は英語が飛び交い、海外旅行気分も味わえる。

サンドウィッチ伯爵の絵が目印。店内のインテリアは異国情緒がある

メキシコの山賊をイメージしたエスニックなお味のビストレロ（1350円）

カレー粉などでインパクトを出したベジタリアンメニューのパムシェル（1250円）

DATA
- 東京都港区赤坂2-21-1
- 03-3505-0312
- 7:00〜18:00、土日9:00〜14:00
- 祝日
- 東京メトロ千代田線赤坂駅より徒歩約4分
- http://www.thearl.com

サンドイッチ専門店

kari-na
# カリーナ

左からポテト（200円）、たまご（200円）、ハムカツ（180円）。どれも人気の味

## 手間を惜しまず作り続ける老舗の味

普通列車しか止まらない小さな町の小さなお店。それでも毎朝行列ができるほど愛されている、東京を代表するサンドイッチ専門店のひとつ。一番人気のたまごは、マヨネーズと塩のみで味付けしたシンプルさ。空気を含んでふんわりした黄身の食感もクセになる。

ノスタルジックな外観が雰囲気抜群。現在は2代目の店主が切り盛りする

左から変わり種のあんカスタ（180円）、フルーツ（230円）、野菜（220円）

MAP

DATA
- 東京都杉並区井草5-19-6
- 03-3301-3488
- 6:00〜14:00 ※売り切れ次第終了
- 月曜日／火曜日
- 西武新宿線上井草駅より徒歩約1分
- http://kar-na.la.coocan.jp

サンドイッチ専門店

## ăn di
## アンディー

牛肉をヌクマムやオイスターソースで煮込んだビーフとレモングラス（600円）

### 具材にこだわる本場仕込みのバインミー

15年前から毎年ベトナムを訪れ、料理を学んでいる店主が作るだけに、具材のおいしさは一"口"瞭然。本場の味も、日本人好みの味も思うがまま。イートインもできるけど、近くに大きな公園があるので、お散歩がてらテイクアウトしてみるのもオススメ。

お店の外にはベトナムの国旗がはためく。ハーブティーの販売などもやっている

ベトナム産黒コショウの香りが刺激的なベトバージンジャーチキン（600円）

水煮のサバを特製のピリ辛トマトソースで煮込んだ魚（サバ）とトマト（600円）

DATA
- 東京都世田谷区砧3-4-2
- 03-3417-3399
- 10:00～16:00 ※売り切れ次第終了
- 木曜日　駅 小田急線祖師ヶ谷大蔵駅より徒歩約20分
- http://www.andi-setagaya.com

サンドイッチ専門店

サンドウィッチリージョアン
# SANDWICHERIE JOHAN

イチゴ、キウイ、桃がカラフルなフルーツサンド（1個・303円）は程よい甘さ

### 萌え断の先駆けとなった必食サンド

フランスパンなどでお馴染みのパン屋さん「ジョアン」が開いたサンドイッチの専門店。店で焼き上げたパンを使ったサンドイッチは、宝石のようにキラキラしたかわいさも魅力。店頭には食事系からスイーツ系まで、常時約20種類がずらりと並ぶ。

お店は銀座三越の地下2階。ショーケースにはかわいい断面がずらりと並ぶ

野菜がたっぷり採れるボリューミーなアボカドとエビのブロッコリー（454円）

ゆで卵とつぶした卵の2種類の味をひとつにした贅沢なたまごegg（346円）

DATA
- 東京都中央区銀座4-6-16 銀座三越B2F
- 03-3535-1842
- 10:30〜20:00
- 不定休
- 東京メトロ銀座線ほか銀座駅直結
- http://www.johan.co.jp

サンドイッチ専門店

## TOKYO SANDWICH GUIDE
# cafe & coffee shop
### カフェ・喫茶店

2種類の味が楽しめるフルーツサンドウィッチ・ミックス（1058円）

サンドイッチは重厚感のある大理石のプレートで提供している

ジョーズカフェ
# JOE'S CAFÉ

### 日本初のカフェでアフタヌーンティー

ロンドン発のブランドJOSEPHのカフェは、GINZASIXの同店に併設。ブランドの世界観の中で、紅茶やスイーツがいただける。売り切れになることもあるサンドイッチメニューは、ストロベリーと季節のフルーツ、キューカンバーの3種類。紅茶と好相性なので、アフタヌーンティーにペアリングを楽しんで。

MAP

DATA
- 住 東京都中央区銀座6-10-1 GINZA SIX 5F
- ☎ 03-3573-5780 ⏰ 10:30～20:30 (LO20:00)
- 休 不定休(施設に準ずる)
- 駅 東京メトロ銀座線ほか銀座駅より徒歩約2分
- HP https://www.joseph.jp/cafe/

1.スイーツによく合うブラックティー（810円） 2.JOSEPHの世界観を再現した内観 3.茶葉の販売も行う。ギフトにぴったり 4.自由に閲覧できる書棚は「BACH」による選書 5.アパレルショップに併設されており静かなため、様々シーンで利用できる

カフェ・喫茶店　67

pelican CAFE

浅草ハムのハムカツサンド
(650円)。厚切りだけど
バランスが取れたおいしさ

グレープフルーツの酸味が
ポイント。さっぱり爽やかな
フルーツサンド（860円）

シンプルで混じり気のないペリカンの食パンは、やっぱりサンドイッチにぴったり

Pelican CAFE
# ペリカンカフェ

**目指したのは下町的な庶民の味**

創業76年になる浅草の老舗「パンのペリカン」が満を持してオープンしたカフェ。食パンの素朴なおいしさに寄り添うように、サンドイッチにも余計なものは入れず、シンプルに作るのがこだわり。ハムカツサンドやフルーツサンドなど、昔から親しまれてきた下町の味に、誰もがほっとさせられる。

DATA
- 住 東京都台東区寿3-9-11
- 電 03-6231-7636
- 営 9:00〜17:00(LO)
- 休 日曜日／祝日
- 駅 東京メトロ銀座線田原町駅より徒歩約3分
- HP なし

1.ハムカツサンドのパンは炭火焼きに。これをそのままいただける炭焼きトースト（320円）もある　2.果物の並べ方も計算尽く。寿司用の木のまな板を使うのもこだわり　3.木目のやさしさが生かされた店内　4.ロゴはコーヒー豆とペリカンがモチーフ　5.赤いサンシェードがモダンな雰囲気

1. お店のスタッフとのおしゃべりも楽しいカウンター席は2階　2. 極厚の豚ヒレサンド（1380円）　3. 代官山、渋谷、神泉の駅のちょうど中間にある　4. 店内はペット可、wi-fiあり、コンセントあり

DATA
- 東京都渋谷区南平台町7-9
- 03-6416-4751
- 8:00〜20:00（LO19:30）
- 月曜日　東急東横線代官山駅より徒歩約10分
- https://www.facebook.com/tokyokenkyo

## Tokyo Kenkyo
# トウキョウケンキョ

### 謙虚な気持ちでお客さんに寄り添う

「何事にも謙虚でありたい」という思いから、手間暇かけたこだわりのメニューを提供。オープン当初はサンドイッチのみだった食事も、お客さんの層や利用スタイルに合わせて増やしたそう。今ではオムライスやスパゲッティなどの喫茶メニューもラインナップ。

玉子とフルーツの両方が
楽しめるサンドゥイッチ
（620円）

1. 玉子焼きは素朴でどこか懐かしい　2. はまの屋特性クリームソーダ (650円) はベースがピーチソーダ　3. 新有楽町ビルの中。近隣のサラリーマンやOLが集う　4. レトロな純喫茶の雰囲気。店内にはレコードが流れる

## Hamanoya-parlour yurakuchoten
# はまの屋パーラー 有楽町店

### 代替わりしても守り続ける老舗の味

1966年創業の老舗パーラーが、2012年にリニューアルオープン。以前から人気の高いサンドイッチは、レシピはもちろん、使う素材も一切変えず、長く愛されてきた味を守っている。よりサンドイッチに合う味を追求したコーヒーと、ぜひ一緒に味わって。

DATA
- 東京都千代田区有楽町1-12-1 新有楽町ビルB1F
- 03-3212-7447
- 9:00〜18:00、日10:00〜17:00
- 祝日
- JR有楽町駅より徒歩約1分
- http://www.hamanoya-yurakucho.com

## LA MADRAGUE

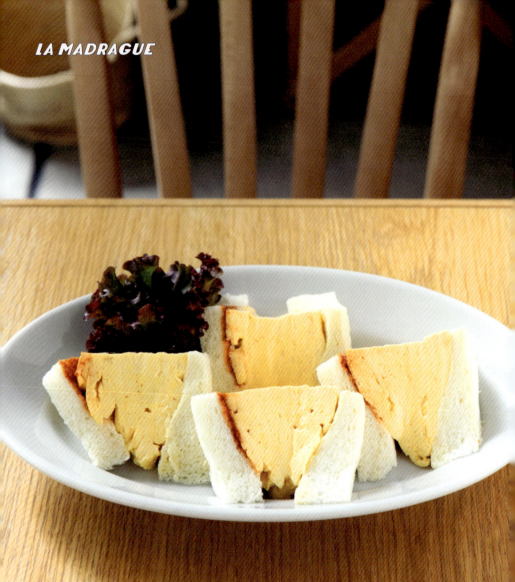

コロナの玉子サンドfull
(910円)。出汁を使って
いるからあっさり

1.京都店で研修を受けたスタッフが作る  2.パンも京都店同様に大阪のベーカリーから取り寄せ  3.衣食住に"知"を加えたライフスタイルを提案する「la kagu」の中  4.照明やソファなどに純喫茶のテイストが

## LA MADRAGUE
## マドラグ

**京都発の極厚玉子サンドを神楽坂で**

京都の純喫茶マドラグが2016年に東京進出。所在地である神楽坂という土地を考慮して、より利用しやすい開放的なカフェに。あえて変えていないのは、玉子サンドのレシピ。注文ごとに玉子焼きを作り、ふわふわ＆ジューシーな状態で提供している。

**DATA**
- 東京都新宿区矢来町67 la kagu1F
- 03-5579-2130
- 11:00～20:30(LO20:00)
- 不定休
- 東京メトロ東西線神楽坂駅より徒歩約1分
- http://www.lakagu.com/category/cafe/

# MEGANE COFFEE

ハムのサンドイッチ（650
円）と週によって豆が変わ
るコーヒー（550円）

1. サンドイッチに使う角食パンは毎日お店で焼き上げる　2. バターを隅まで丁寧に塗り伸ばすのもおいしさの秘訣　3. お店は大通りに面している　4. 鮮やかな青壁がアクセント

**DATA**
- 東京都杉並区下高井戸3-3-3
- 03-5374-3277
- 13:00 〜 21:30、土日12:00 〜 21:30 ※季節により変動あり
- 不定休
- 京王線桜上水駅より徒歩約2分
- https://megane-coffee.com

メガネコーヒー
# MEGANE COFFEE

## シンプルなのに、ここにしかない味

具材は低温調理した自家製ハムとバターのみ。それでもメガネコーヒーならではの味になっているのは、角食パンもハムも甘めに作っているから。おやつ感覚で食べられる絶妙な甘塩っぱさがクセになる。自家焙煎のこだわりコーヒーとともに贅沢な時間を過ごして。

ファーロ
# FARO

> マリネしたサーモンをレモンでさっぱりと仕上げた FARO ME（1200円）

MAP

### つい長居したくなる心地よいお店

イタリア語で"灯台"を意味する「FARO（ファーロ）」は、トルコブルーを基調とした居心地のいいカフェ。厳選したコーヒー豆を使ったカフェラテと、野菜がたっぷりと食べられるサンドイッチが評判。食べるのがもったいないほど美しい断面にも注目だ。

DATA
- 東京都渋谷区代々木1-37-4 長谷川ビル1F
- 03-6886-4169
- 11:00～20:00、土日祝11:00～18:30
- 月曜日（祝日の場合は翌日休）
- JR山手線代々木駅より徒歩約3分
- http://faro-caffe.tokyo

SABA OLIVE（1100円）は、旨みが詰まったサバのほぐし身を使用

ROASTY（1300円）。ロストビーフをわさび味噌ソースで和仕立てに

サンドイッチのテイクアウトはもちろん、ケータリングやデリバリーも対応

トロサンドハウス
# TOLO SAND HAUS

ローストビーフサンドイッチ(1100円)は、酸味のある酵母入りの全粒粉のパンを使用

MAP

### パンが引き出すサンドのおいしさ

池尻大橋の人気ベーカリーで姉妹店「TOLO PAN TOKYO」のパンを使ったサンド専門店。有名ベーカリーで就業を積んだシェフが焼き上げるパンは、具材と合わせて完成するよう専用に作っているもの。できたてのおいしさをぜひカウンターで堪能したい。

DATA
- 東京都目黒区東山3-14-3 1F
- 03-6452-3450
- 11:30〜16:00、テイクアウトは〜17:00、ドリンクのみは9:00〜 休 火曜日
- 東急田園都市線池尻大橋駅より徒歩約1分
- http://tolotokyo.com/tolosandhaus

BLT.T.Eバーガー（750円）は具材と相性抜群のチーズ入りのヴェエノワバンズでサンド

香ばしい全粒粉のパンにボンレスハムとベシャメルを合わせたクロックマダム（650円）

2軒隣にはベーカリーの「TOLO PAN TOKYO」が店を構える。こちらも人気店

## ① SANDWICH COLUMN

### トーキョーコッペパンガイド

どこか懐かしさを感じるコッペパン。
そのまま素朴なおいしさを味わうのも良いですが、
今回注目するのは具材を挟んだ"コッペパンサンド"。
続々とオープンする専門店をご紹介。

あんマーガリン
（190円）

**吉田パン**

盛岡のソウルフード「福田パン」に感動したオーナーの吉田知史さんが、2013年にオープンした「吉田パン」。ふわふわながらもしっとりしているコッペパンは、「福田パン」でノウハウを学び試行錯誤し完成させた逸品。「感動するコッペパンを作り、400年続くお店にしたい」と吉田さん。感動するコッペパンに会いに、ぜひ出かけてみて。

## コパンドゥ3331

お店で焼いているふわふわのコッペパンに、定番から変わり種までをサンド。ボリュームも魅力。

チキン南蛮（360円）

ざくざくグラノーラコッペ（280円）

ラムレーズン（220円）

## えびすパン

その時々で内容が変わる約20種は、手作りの具材やフィリングにこだわりながらもリーズナブル。

とんかつ（380円）

あんこ&マスカルポーネ（270円）

さば（310円）

## 大平製パン

動物パンで人気の「Bonjour mojo2」の姉妹店。ふんわりとした小ぶりなパンがかわいい。

クリームチーズ&
青りんごジャム（200円）

あんこ&マーガリン（180円）

たまご（250円）

### DATA

**吉田パン**
東京都葛飾区亀有5-40-1
03-5613-1180

**えびすぱん**
東京都渋谷区恵比寿1-23-16
第六大浦ビル1F
03-6450-2362

**コパンドゥ3331**
東京都千代田区外神田6-11-14
3331 Arts Chiyoda 1F
03-6803-0263

**大平製パン**
東京都文京区千駄木2-44-1
電話番号非公開

# BAKERY SHOP

TOKYO SANDWICH GUIDE

ベーカリー

parlour_ekoda

フレッシュトマトとペコリーノチーズ、ソフトドリンクのセット（1166円）

1.店内の石臼で挽いた全粒粉のパンなど約30種を用意　2.サンドイッチは、フランスパンや食パンなど10種以上から選べる　3.一軒家を改装した店舗　4.カフェでは、ワインとともにパンやサンドイッチなどが堪能できる

## Parlour_ekoda
# パーラー江古田

**パンの奥深さを改めて感じられるお店**

小さな路地の中、住宅街に溶け込んでいる「パーラー江古田」はハード系のパンが中心。「狙っていたわけではないけど、その時良いと思ったものを作るうちにそうなりました」と店主の原田浩次さん。そんなパンは個性的で、素材の滋味深い風味が感じられる。

DATA
- 東京都練馬区栄町41-7
- 03-6324-7127
- 8:30～18:00
- 火曜日
- 西武池袋線江古田駅より徒歩約6分
- http://parlour.exblog.jp/

ORIMINE BAKERS

塩焼きのサバを玉ネギと
ともにチャバタで挟んだ、
サバサンド（504円）

1. 添加物を使わない、体に優しいパンが揃う　2. 朝食用に人気の食パンは、数種用意している　3. ランチに利用する近隣住民や会社員が多い　4. 折箱屋がルーツのため、ギフト用の箱も用意　5. 定番のたまごサンド（175円）はふかふかの白パンを使用

## Orimine Bakers
# オリミネベーカーズ

**築地ならではの魚を使ったパンが美味**

築地のパン屋「オリミネベーカーズ」は、築地で仕入れた魚介を使ったパンが評判。小麦の香りにこだわったパンと魚介は相性抜群で、イイダコやシラスのフォカッチャ、塩サバのサンドイッチなどが揃う。ほかにもリーズナブルな菓子パンやデニッシュが豊富。

**DATA**
- 東京都中央区築地7-10-11
- 03-6228-4555
- 7:00～19:00
- 水曜日
- 東京メトロ日比谷線築地駅より徒歩約10分
- http://oriminebakers.com/

# KATANE BAKERY

ラペ（手前・400円）は、フムスもサンド。自家製ハムのジャンボン・フロマージュ（奥・450円）

1. 地下には「カタネカフェ」がある　2. 近隣のカフェやサンドイッチ専門店もこちらのパンを使っている　3. ミートソースのパニーニ（450円）　4. 毎日焼き上げられるパンは100種類近く　5. 駅から離れた住宅街にある

### Katane Bakery
# カタネベーカリー

**素材を大切にした町のパン屋さん**

オープン以来、近隣住民の日常に寄り添うカタネベーカリーは、プレーンなパンだけでなくサンドイッチも絶品。ハムやツナはお店で手作りしており、かむほどに味わいが増すパンにぴたりとはまる味わい。毎日でも利用できる価格帯だから、通いつめてしまいそう。

**DATA**
- 東京都渋谷区西原1-7-5
- 03-3466-9784
- 7:00〜18:30
- 月曜日／第1・3・5日曜日
- 小田急線代々木上原駅より徒歩約7分
- https://www.facebook.com/kataneb

# machino_parlor

10種類以上からパンが選べるローストポークのサンドイッチ（842円）

1.「まちの保育園」に併設されている珍しいスタイル　2. パンコーナーにはパーラー江古田のパンがずらりと並ぶ　3. ちいさな入り口がかわいい　4. 店内は3面をガラスに囲まれており、日中はいつも温かい光に包まれている

```
DATA
住  東京都練馬区小竹町2-40-4
☎  03-6312-1333
営  7:30～21:00(LO)、月～18:00(LO)
休  火曜日
交  東京メトロ有楽町線ほか小竹向原駅
    より徒歩約5分
P   なし
```

## Machino_parlor
# まちのパーラー

### 地域に溶け込んだ懐の深いパン屋さん

保育園に併設された同店は、子どもの送り迎えに来たお母さんたちだけでなく、地域の憩いの場としても愛されているパン屋さん。パンのテイクアウトはもちろん、サンドイッチのランチ、夜はパンに合う料理とお酒を楽しめるなど、どこまでも懐が深いのが人気の秘密。

# 365NICHI

自家製ベーコン×クリームチーズサンドイッチ（604円）

白こしあん×あんぱん（216円）。十勝産の手亡豆をなめらかなこしあんに

チョコレート2種の食感の違いが楽しいクロッカンショコラ（356円）

シンプルな組み合わせの自家製ハム×グリュイエールサンドイッチ（550円）

365 ニチ
## 365日

**365日、毎日通いたくなるパン屋さん**

パンだけでなく、オーナーシェフの杉窪章匡さんが全国各地で見つけた食材も販売する"食のセレクトショップ"。国産にこだわったパンは、小麦やバターの風味などのパンそのもののおいしさが堪能できる。そんなパンと自家製食材を使ったサンドイッチも揃う。

DATA
住 東京都渋谷区富ヶ谷1-6-12
電 03-6804-7357
営 7:00～19:00　休 2月29日
駅 小田急線代々木八幡駅より徒歩約1分
HP http://ultrakitchen.jp/projects/#item80

ベーカリー

# 3206HIROO

今までありそうでなかった黒酢酢豚サンド（518円）

ベーグルも種類豊富。ブルーベリーベーグル（248円）

ローストチキンのマンハッタンチキンサンド（518円）

濃厚タルタルが決め手のデビルドエッグサンド（475円）

### 3206 ヒロオ
# 3206 HiROO

**"好き"が見つかる多彩なラインナップ**

大使館や一流ホテルにパンを卸していることでも知られる3206。「料理をそのままサンドする」というコンセプトで生み出されるサンドイッチは40種類以上と多彩。カリッとした豚と黒酢の酸味が際立つ黒酢酢豚サンドなど、パンとの意外なマッチングも楽しい。

**DATA**
- 住 東京都港区南麻布5-2-39
- ☎ 03-6277-3365
- 営 8:00〜23:00
- 休 不定休
- 駅 東京メトロ日比谷線広尾駅より徒歩約5分
- http://3206.jp

# VIRON

ポテトやツナのサンドウィッチ：ニソワ（864円）

シンプルなジャンボン・フロマージュ（950円）

ローストチキンとラペによるプーレロティ（778円）

サンドウィッチモッツァレラ（1328円）

ヴィロンシブヤテン
# VIRON 渋谷店

### フランスを感じるブーランジェリー

本場フランスのブーランジェリー・パティスリーのように、パンやフランス菓子がずらりと揃う「VIRON」。サンドイッチも豊富に用意しており、人気のバゲットを使用。小麦はフランスから取り寄せ、さらに水や作り手の腕も追求したバゲットサンドをぜひ。

**DATA**
- 住 東京都渋谷区宇田川町33-8
- 電 03-5458-1770
- 営 9:00〜22:00
- 休 なし
- 駅 JR山手線ほか渋谷駅より徒歩約8分
- 他 なし

# BAKERY SASA

ガーリックチリソースが効いたバインミー（500円）

丁寧に手折りした生地で作るショコラ（190円）

カスタードのおいしさが人気のクリームパン（180円）

自家製ハムを挟んだジャンボンブール（400円）

ベーカリーササ

## BAKERY SASA

### 地元に評判の身近なパン屋さん

甲州街道沿いに面した小さなパン屋さん。男らしい店構えだけれど、ひとつひとつのパンは小ぶりで、食事系からおやつ系までが一堂に会する。サンドイッチに使うのはクープが美しく焼き上がった評判のバケット。皮はがっちりと固めの食感で食べ応えあり。

**DATA**
- 東京都渋谷区笹塚2-7-10
- 03-3375-5805
- 8:00〜19:00
- 火曜日／第2、第4水曜日
- 京王線笹塚駅より徒歩約2分
- http://bakerysasa.tokyo

# CENTRE THE BAKERY

サクっとした食感が軽快なBLTサンド（1200円）

玉子が絶妙な焼き加減のオムレツサンド（800円）

もっちりふわふわのフルーツサンド（1800円）

MAP

セントルザベーカリー

# CENTRE THE BAKERY

## 究極の食パンで作る絶品サンド

2013年のオープン以来、行列が絶えない食パン専門店として知られるのがここ。食パンと同様、サンドイッチにも手間とこだわりを惜しまず、具材によってパンの種類や厚みを変えるほど。バランスをとことん追求した絶品サンドは感動必至のおいしさ。

DATA
- 東京都中央区銀座1-2-1
- 03-3567-3106
- パン販売10:00〜19:00、カフェ〜20:00
- 月曜日（カフェのみ）
- 東京メトロ有楽町線銀座一丁目駅（3番出口）より徒歩約3分　HP なし

ベーカリー

# TARUI BAKERY

バッカスチーズとハムのバゲットサンド（840円）

季節のピタサンド（380円）。この日は夏野菜を使用

ナッツやフルーツがたくさん入っているルヴァン（240円）

あんバターサンド（250円）はバターの口どけを堪能

タルイベーカリー
## TARUI BAKERY

### 自然酵母を使ったとっておきのパン

ワイン用のぶどうを元に全粒粉で育ててきた自家製自然酵母を使い、独特の香りがありながらも食べやすいパン作りをしている。そんな「タルイベーカリー」らしさを感じるひとつがバゲット。シンプルな味わいでサンドイッチにも使われており、こちらも人気。

**DATA**
- 東京都渋谷区代々木4-5-13
- 03-6276-7610
- 9:00〜19:00
- 月曜日
- 小田急線参宮橋駅より徒歩約2分
- https://twitter.com/taruibakery

# MAISON ICHI

パンが香ばしいスモークサーモンとシリアル（480円）

タンドリーチキンのサンド（480円）はスパイシー

コーンパンのツナとトマト、とうもろこし（480円）

ジューシーなトマトとモッツァレラ（480円）

メゾンイチ

# MAISON ICHI

**パン、スイーツ、フレンチの複合店**

じっくりと発酵させたパン生地を使うサンドイッチが好評の「MAISON ICHI」。ベーカリーでありながらカフェ利用もでき、またビストロ料理も提供。パンやフレンチデリをテイクアウトしたり、お店でゆったりと食事をしたりと思い思いの時間を過ごすことができる。

**DATA**
- 東京都渋谷区猿楽町28-10 モードコスモスビルB1F
- 03-6416-4464
- 8:00～20:00 月曜日
- 東急東横線代官山駅より徒歩約2分
- http://www.daikanyama-maisonichi.com

# RÉFECTOIRE

ニソワーズ（432円）ばっちゃゆで玉子を使用

生ハム、オリーブ、トマトの
カスクルート（442円）

ローストポークとトマトの
フォカッチャサンド（518円）

レフェクトワール
# RÉFECTOIRE

## サンドイッチでフレンチの味を気軽に

京都の人気ベーカリー「ル・プチメック」が明治神宮前に開いた、サンドイッチがメインのベーカリーカフェ。店名はフランス語で食堂という意味で、食堂さながらの気軽さでフレンチの技法を使ったサンドイッチやデリが堪能できる。焼き菓子などのスイーツも好評。

DATA
- 東京都渋谷区神宮前6-25-10 タケオキクチビル3F
- 03-3797-3722
- 8:30～20:00
- なし
- 東京メトロ副都心線ほか明治神宮前駅より徒歩約3分
- http://lepetitmec.com/location/refectoire/

ベーカリー　111

## 2  SANDWICH COLUMN

# 奥深きコンビニ「たまごサンド」の世界

　たまごサンド。それは、こだわりの塊。たまごのつぶし具合、マヨネーズや塩の量、パンとの相性の良し悪しも、シンプルだからこそ隠せない。実はおいしく作るのが難しい、奥深い料理なのである。普段何気なく食べているコンビニのたまごサンドだって、食べ比べてみると違いは明白。各社のこだわりを知れば、いつもの味が、いつもよりもっとおいしく感じられるかも。

### 7-Eleven
### 手作り感のある家庭の味

目指したのは、家庭で食べる作りたてのたまごサンド。ハーブなどを餌に育ったコクのある専用たまごを使い、白身のぷりぷり食感をしっかり味わえる仕立てに。224円

### FamilyMart
### たまご本来の自然な味わいを追求

食品添加物の使用をなるべく低減することにより、雑味の少ない自然なたまごの味わいを実現。バターで風味豊かに仕立てた食パンがたまごのコクを引き立てる。198円

### LAWSON
### 4種類のたまごをとことん味わう

たまごサラダ、半熟卵、スクランブルエッグ、たまごカツ。4種類を1つにした贅沢サンド。パンの厚みにまでこだわり、ベストなバランスを追求した、たまご好きの為の卵サンド298円

# TOKYO SANDWICH GUIDE
## Restaurant & Parlor
洋食・甘味・フルーツパーラー

# BANANA FACTORY

バナナサンドイッチ（300円）と特製バナナジュースM（300円）

1. 1番人気のバナナパイ（280円）。完熟のバナナとクリームチーズ、あんこが相性抜群　2. ショーケースに並ぶケーキのほか、焼き菓子やバナナチップスなどもある　3. ウッディな外観　4. 店内のカフェスペースで食べてもOK

**DATA**
- 東京都墨田区向島3-34-17 1F
- 03-6240-4163
- 10:00～20:00　火曜日／水曜日
- 東武スカイツリーラインとうきょうスカイツリー駅より徒歩約3分
- https://www.instagram.com/bananafactry1991

バナナファクトリー
# Banana Factory

## バナナ愛あふれるスイーツ店

「日本で一番食べられている果物のバナナですが、洋菓子店では扱いにくい。でもその魅力を伝えたくて、バナナスイーツ専門店を始めました」。とは、シェフの佐久間竜太さん。バナナの完熟度や風味を吟味し使い分けて作る、ケーキやパイ、フルーツサンドが人気。

洋食・甘味・フルーツパーラー

# MIYAZAWA

食べやすくカットされたたまごサンド（850円）とヒレカツサンド（950円）

1. 船室をイメージしたという艶のある木壁が印象的　2. 先代から受け継いだ扉のロゴにも歴史を感じる　3. ヒレカツサンドはチリソースなど数種類の調味料を合わせた秘伝の甘辛ソース　4. オレンジ色の看板がレトロな雰囲気

## Miyazawa
# みやざわ

### 銀座で40年以上愛される味

みやざわのサンドイッチは、昔から銀座のクラブでは出前の大定番。手軽に食べられ、シェアしやすいことが理由なんだとか。ヒレカツサンドは肉の塊を切り出すところからこだわるなど、手間暇を惜しまない実直な姿勢が大人たちから長く愛されている。

**DATA**
- 東京都中央区銀座8-5-25 西銀座会館1F　03-3571-0169
- 11:30～14:30、16:00～28:00（サンドイッチは16時からの販売）
- 土曜日/日曜日/祝日　東京メトロ銀座線ほか銀座駅より徒歩約7分
- なし

## PUTIT MONDE FRUITS PARLOR

食べれば新鮮さが分かる
フルーツサンド（750円）

### Putit Monde Fruits Parlor
# プチモンド フルーツパーラー

## 「果物っておいしい」を再認識

戦前に創業した果物店が35年前にオープン。ここのフルーツサンドは果物が角切りなのが特徴で、さまざまな食感が楽しめる。生クリームは甘さ控え目で、季節ごとに変わる7〜8種類の果物の甘さで食べさせるのがプチモンド流。一口頬張ればその瑞々しさに驚くはず。

ガラス張りの涼しげな外観。中はレトロなインテリアが基調

DATA
- 東京都北区赤羽3-1-18
- 03-3907-0750
- 10:00〜18:00 ※売り切れ次第終了
- 木曜日／金曜日
- JR埼京線ほか赤羽駅より徒歩約5分
- なし

# FRUiT PaRLOR KAJITSUEN

ズワイガニとマンゴーのサンドイッチ（1200円・税別）

旬の果物を使ったフルーツサンド（980円・税別）

モーニングはゆったり過ごせる上に、とってもお得

**Fruit Parlor Kajitsuen**
## 果実園リーベル 目黒店

**果実の楽園の歴史あるフルーツサンド**

四季折々の新鮮で食べ頃のフルーツが揃う「果実園リーベル」。オーナー自ら市場で目利きしたフルーツは、注文が入ってからカットし、よりフレッシュな状態で提供することにこだわり。フルーツサンドには8種以上の果物があふれんばかりにサンドされている。

**DATA**
- 東京都目黒区目黒1-3-16プレジデント目黒ハイツ2F
- 03-6417-4740
- 7:30～23:00（LO22:30）、日～22:00（LO21:30）　なし
- JR山手線目黒駅より徒歩約4分
- http://kajitsuen.jp/html/spp_03.html

洋食・甘味・フルーツパーラー

# FRU-FULL

ごろっと大きな果物が贅沢なフルーツサンド（700円）

独特な世界観のイラストが気分を盛り上げてくれる

MAP　羽根木公園／梅ヶ丘駅

ホットケーキパーラー フルフル
## FRU-FULL 梅ヶ丘店

### 追熟させた厳選フルーツが自慢

「果物のおいしさを味わってもらいたい」と老舗フルーツ店で働いていた仲間で始めた同店。追熟によって甘さを増した果物は、コクのある生クリームによっておいしさが引き立ち、何度でも食べたくなる味に。パパイヤが入っているのが他店にはないこだわりのひとつ。

DATA
- 東京都世田谷区松原6-1-11
- 03-6379-2628
- 11:00～19:00、土日祝10:30～18:30
- 水曜日／不定休
- 小田急線梅ヶ丘駅より徒歩約2分
- https://www.frufull.jp

# Sembikiya Sohonten

フルーツサンドイッチ
(テイクアウト・1188円)

圧倒的なオーラを
感じさせる外観に思
わず期待も高まる

**DATA**
- ⌂ 東京都中央区日本橋室町2-1-2 日本橋三井タワー内
- ☎ 03-3241-0877
- ⏰ 10:00～19:00(メインストア)
- 休 不定休
- 🚉 東京メトロ銀座線ほか三越前駅直結
- HP http://www.sembikiya.co.jp

### Sembikiya Sohonten
# 千疋屋総本店 日本橋本店

## 堂々たる老舗のフルーツサンド

店の歴史は江戸時代まで遡る「千疋屋」ブランドの暖簾元。高級なフルーツパフェも気になるところだけれど千疋屋の定番と言えば昔からフルーツサンド。ホイップクリームと4種類の果物を使用した、甘さと酸味のバランスが整った上品な味わいだ。

# AMANOYA

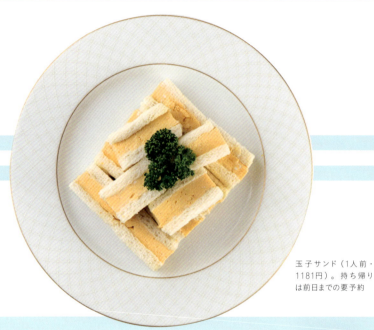

玉子サンド(1人前・1181円)。持ち帰りは前日までの要予約

## Amanoya
## 天のや

### 玉子サンドブームの火付け役

大阪で昭和2年に創業し、東京・麻布十番に移転して早16年。すっかり東京に定着した同店の名物は、創業当時からある玉子サンド。関西風の優しい出汁巻き玉子とからしマヨネーズの組み合わせが、一度食べたら忘れられない和洋折衷な味わいを生み出している。

MAP

麻布十番の路地裏にひっそりと佇む。お好み焼きなども人気

DATA
- 東京都港区麻布十番3-1-9
- 03-5484-8117
- 12:00〜15:00(LO)、18:30〜22:00
- 火曜日/不定休
- 都営大江戸線麻布十番駅より徒歩約1分
- http://amano-ya.jp

# SHINSEKAI GRILL BON

ビーフヘレカツサンド（2200円）。ハーフサイズもあり

店内はカウンターのみ。テイクアウトは予約も可能

## Shinsekai Grill Bon
## 新世界グリル 梵 銀座店

**洋食店らしい手仕事が生きた傑作**

大阪で創業70年以上を数える老舗洋食店が銀座に開いたビーフヘレカツサンドの専門店。丁寧に下処理された上質な牛ヒレ肉は滑らかな舌触りが絶品。赤みが残る絶妙な火加減で揚げられ、約1週間煮込んで作る秘伝のソースと相まって傑作級のカツサンドに。

**DATA**
- 東京都中央区銀座7-14-1
- 03-5565-3386
- 11:00～21:00
- 日曜日／祝日
- 都営浅草線ほか東銀座駅より徒歩約1分
- http://www.grill-bon.com

## ③ SANDWICH COLUMN

### TOKYO発、NY初の
### フルーツサンド専門店

　小さなレストランをニューヨークでオープンしようと企画していた時、フルーツサンドが日本発祥だと気づき、その専門店をしようと決めました。また、コーヒーブームの今、"3rd Wave"と言われるドリップ式の淹れ方が元々は日本の喫茶店に影響を受けていることに注目しました。喫茶店で、コーヒーと一緒にフルーツサンドを食べるという歴史があるので、ニューヨークから日本文化を発信できたらいいなと思ったのが、オープンのきっかけです。

　ニューヨークでは、日本の食パンを見つけるのがとても苦労します。オープンまでの半年間、フルーツサンドに合うパンを求め、マンハッタン中を食べ歩きました。求めていたフワフワの食パンに近いパンをlower eastで見つけ、オーナーと交渉し、オーダーしています。具材は私がオーガニックフルーツ専門店で毎日新鮮な物を選んで仕入れています。

　フルーツサンドを始めた頃は、ニューヨーカーは、"サンドイッチ"に対するこだわりが強いため、フルーツサンドイッチと伝えると拒否反応を示す人が多く、甘いサンドイッチなんて邪道という文化を痛感しました。日本人にとって、"甘いおにぎり"と同じだと思います。なので、お店では"フルーツケーキ"や"ブレッドケーキ"と表現するようにしたら、拒否されなくなりました。現在は、ケータリング、卸しも行なっており、MoMACHAなどで取り扱われています。ニューヨークのローカルカフェに取り扱われる様になっていけたらと思っています。

①White x Regular x Kiwi, Orange　②White x Regular x Strawberry, Banana　③Wheat x Regular x Mix
Reguler　$9　Vegan★　$11
右は今回話を聞かせてくれたTHE FRUITSAND.のオーナー、福岡美菜登さん

①

②

③

## THE FRUITSAND.

348 Bowery,
New York, NY 10012
(332) 200-2483
Monday — Friday 9am — 8pm
Saturday — Sunday 10am — 8pm

https://www.thefruitsand.com/
Instagram : @thefruitsand

photo : Masahiro Yamamoto

洋食・甘味・フルーツパーラー

## トーキョーサンドイッチガイド
### TOKYO SANDWICH GUIDE

| | |
|---|---|
| 初版発行 | 2018年9月1日 |
| 監修 | トーキョーサンドイッチクラブ |
| 編集 | 藤井浩明 |
| 装幀・デザイン | 三宅理子 |
| 写真 | 野口彈、MACH |
| 執筆 | 河島まりあ、石井良 |
| 制作 | 荒木重光 |
| 発行人 | 近藤正司 |
| 発行所 | 株式会社スペースシャワーネットワーク<br>東京都港区六本木3-16-35 イースト六本木ビル<br>編集 tel 03-6234-1222 fax 03-6234-1223<br>営業 tel 03-6234-1220 fax 03-6234-1221<br>https://books.spaceshower.jp |
| 印刷・製本 | シナノ印刷 |

ISBN978-4-909087-30-0
©2018 SPACE SHOWER NETWORKS INC.
Printed in Japan.

万一、乱丁落丁の場合はお取り替えいたします。
定価はカバーに記してあります。
禁無断転載

サンドイッチほか商品の定価は2018年8月時点での
税込価格を表示しています。